阿根廷
国家足球队
官方商品

挚爱蓝白

----- 励志手账 -----

梅西·超越

阿根廷足协（中国）办公室　编

U0392315

北京时代华文书局

Vamos Argentina

利昂内尔·梅西,

一个不可思议、独一无二的球员。

2004 年，他第一次代表阿根廷国字号球队出场；

2005 年，他完成成年国家队首秀；

2022 年，他依然为阿根廷队驰骋奋战……

阿根廷队出场数第一人、进球数第一人，

南美球员国家队进球数第一人……

梅西的一项项纪录，在震惊着世界，也在改写着阿根廷队的历史。

我们深爱着梅西，

因为他就仿佛是一部史诗巨著，引人入胜。

在阿根廷队，如今的梅西就是最雄伟的那只潘帕斯雄鹰，

不断飞越高峰，不断超越，

超越传奇，超越过往，超越自己。

2004 年 6 月 29 日，
在阿根廷青年人队主场迭戈·马拉多纳球场，
阿根廷 U20 青年队 8 ：0 大胜巴拉圭 U22 青年队。

梅西在下半场开始时，
身穿 17 号球衣，
替换埃泽奎尔·拉维奇上场，
这是梅西在阿根廷国字号球队的首秀。
第 81 分钟，
梅西完成阿根廷国字号球队首球。

Messi

6月29日,

对于梅西意义非凡，冥冥之中也有传承的意义。

1986 年 6 月 29 日，

墨西哥世界杯决赛，

马拉多纳率领阿根廷队 3：2 击败联邦德国队夺冠。

2005 年 8 月 17 日，
在阿根廷队客场对阵匈牙利队的友谊赛中，
梅西第 63 分钟替补登场，
正式完成他在阿根廷成年国家队的处子秀。

不过，

登场 2 分钟后，

梅西因为犯规被红牌罚下。

2005 年 10 月 9 日,

世界杯预选赛阿根廷队主场对阵秘鲁队。

梅西首次为阿根廷队首发登场，

并在比赛中制造点球，

帮助阿根廷队 2 ：0 战胜对手。

2006 年 3 月 1 日,
在对阵克罗地亚队的友谊赛中,
阿根廷队 2∶3 输给对手。

虽然球队以一分之差惜败，

但是梅西取得进球，

迎来他在阿根廷队的

里程碑时刻。

这是梅西代表阿根廷队取得的

第一个进球，

他也由此正式开启了自己的

国家队进球之旅。

一个传奇
正在悄然诞生。

2006 年 6 月 16 日，

德国世界杯小组赛第 2 轮，

阿根廷队遭遇强敌。

梅西在第 74 分钟替补登场。

这是梅西的世界杯首秀，

他由此成为阿根廷队历史上在世界杯出场的年龄最小的球员。

此外，

他还打进一球，

成为那一届世界杯

最年轻的进球者，

帮助阿根廷队 6：0 大胜对手。

2009 年 3 月 28 日，
世界杯预选赛小组赛第 11 轮，
阿根廷队 4 ： 0 战胜委内瑞拉队。

梅西首次身穿国家队10号球衣亮相，

正式接过传奇球星里克尔梅的衣钵，

这也标志着阿根廷队

正式进入"梅西时代"。

此战，

梅西贡献了 1 个进球、1 次助攻。

值得一提的是，

此时阿根廷队的主帅正是"球王"马拉多纳。

2010 年 6 月 22 日，
南非世界杯小组赛第 3 轮，
阿根廷队对阵希腊队。

梅西首次担任阿根廷队的

场上队长。

Messi

他也由此成为阿根廷队历史上

最年轻的队长。

2011 年 8 月，
梅西被主教练萨维利亚任命为阿根廷队队长。

2012 年 2 月 29 日，
在对阵瑞士队的友谊赛中，
梅西首次代表阿根廷队完成帽子戏法，
帮助球队在客场 3 ∶ 1 战胜对手。

2012 年 10 月 16 日，
世界杯预选赛小组赛第 10 轮，
阿根廷队客场挑战智利队，
梅西取得一个进球。

至此，

2012 年梅西在阿根廷队一共取得

12 个进球，

追平由巴蒂斯图塔保持的阿根廷队球员单一自然年进球纪录。

值得一提的是，

该自然年梅西总共打进

91 球，

创造了世界足坛历史纪录。

2013 年 9 月 10 日，
世界杯预选赛第 14 轮对阵巴拉圭队，
梅西贡献两个进球，
他的国家队总进球数达到 37 球。

至此，

梅西正式超越传奇球星克雷斯波，

成为阿根廷队历史第二射手，

仅次于巴蒂斯图塔。

2014 年 7 月 1 日，

巴西世界杯 1/8 决赛，

阿根廷队 1：0 战胜瑞士队，

梅西助攻队友迪马利亚完成破门。

此战，

梅西再次获得"全场最佳球员"称号，

他也成为世界杯历史上

首位

连续四场比赛获得这一称号的球员。

2015 年 6 月 20 日，
美洲杯小组赛第 3 轮，
梅西首发登场，
帮助阿根廷队 1 ：0 战胜牙买加队。

这是梅西**第 100 次**代表阿根廷队登场，

他也成为第 5 个达到这一里程碑的阿根廷球员。

2015 年 9 月 5 日，

阿根廷队对阵玻利维亚队，

梅西取得进球。

至此，

梅西对阵南美足协另外 9 支球队都取得过进球，

成为

阿根廷足球历史第一人。

2016年6月10日，

"百年美洲杯"小组赛第2轮，

梅西替补登场，

上演帽子戏法，

帮助阿根廷队5：0战胜巴拿马队。

梅西成为阿根廷队历史上首位在非热身赛中替补出场打进 3 球的球员。

2016 年 6 月 22 日，

"百年美洲杯"半决赛，

阿根廷队 4：0 轻取东道主美国队闯入决赛，

梅西打入一球。

这是梅西在国家队的第55球，

至此，

他正式超越巴蒂斯图塔，

成为队史射手榜第一人，

他后面要做的就是

不断超越自己。

2017 年 10 月 10 日，
世界杯预选赛小组赛最后一轮，
梅西完成帽子戏法，
帮助阿根廷队 3：1 战胜厄瓜多尔队，
晋级世界杯决赛圈。

凭借这场比赛的 3 个进球，

梅西以 21 个进球跃居世界杯预选赛南美区

历史射手榜榜首。

2018 年 5 月 30 日，
阿根廷队在友谊赛中 4 ： 0 战胜海地队，
梅西完成帽子戏法。

至此，

梅西的国家队总进球数达到 64 球，

他也正式超越罗纳尔多，

成为

南美足球历史第二射手，

仅次于贝利。

2018 年 6 月 26 日，
俄罗斯世界杯小组赛第 3 轮，
阿根廷队对阵尼日利亚队。

梅西完成进球，

成为继马拉多纳和巴蒂斯图塔之后，

第 3 位在 3 届世界杯都取得进球的阿根廷球员。

2019 年 3 月 22 日，
巴西美洲杯三四名决赛，
梅西帮助阿根廷队获得季军。

这是梅西第 27 次在美洲杯出场，

他也成为在美洲杯出场次数最多的阿根廷球员。

2021 年 6 月 28 日，
美洲杯小组赛第 4 轮，
阿根廷队对阵玻利维亚队。

梅西贡献两个进球，
帮助阿根廷队 4 ：1 取胜。

梅西以 148 次的出场次数超越马斯切拉诺，

成为代表阿根廷队

登场次数最多的球员。

7月6日，

在对阵哥伦比亚队的半决赛中，

梅西第 150 次代表阿根廷队出场。

2021 年 9 月 9 日，
世界杯预选赛小组赛第 10 轮，
梅西上演帽子戏法，
帮助阿根廷队在主场 3 ：0 战胜玻利维亚队。

自此，

梅西以 79 个进球超越贝利，

正式成为

南美国家队历史射手王。

2021 年 10 月 11 日，

世界杯预选赛南美区比赛，

阿根廷队主场 3 ∶ 0 大胜乌拉圭队，

梅西打进一球，

成为第一个为国家队打进 80 球的南美球员，

也继续刷新由自己保持的南美球员国家队进球纪录。

这是梅西第6次攻破乌拉圭队球门，

他也由此甩开乌拉圭传奇射手斯卡罗内，

成为在"拉普拉塔德比"中进球最多的球员。

2022 年 3 月 25 日，

世界杯预选赛小组赛，

阿根廷队在主场 3 ： 0 战胜委内瑞拉队，

梅西取得进球，

这是他身穿 10 号球衣打进的**第 700 球**。

所有进球中，

梅西身穿巴萨队 10 号球衣在

669 场比赛中打进 630 球，

身穿阿根廷队 10 号球衣在

122 场比赛中打进 70 球。

Messi

梅西已经连续 17 年代表阿根廷队取得进球，

排名历史第一。

2022 年 6 月 6 日，

国际友谊赛，

阿根廷队 5 : 0 大胜爱沙尼亚队，

梅西"五子登科"，

生涯总进球数达到 769 个，

超越贝利。

属于梅西与阿根廷队的传奇
还在继续着，
超越永不停歇！